Sitzungsberichte
der
Heidelberger Akademie der Wissenschaften
Stiftung Heinrich Lanz

Mathematisch-naturwissenschaftliche Klasse

* *Im Verlag von Carl Winters Universitätsbuchhandlung in Heidelberg erschienen:*

Abteilung A. Mathematisch-physikalische Wissenschaften.
Jahrgang 1921.

1. FRANZEN, H. Über die chem. Bestandteile grüner Pflanzen. 12. Mitteilung: Über die flüchtigen Bestandteile der Eichenblätter.
2. KÖNIGSBERGER, L. Über partielle Differentialgleichungen erster Ordnung.
3. HEFFTER, L., und W. STOLLENWERK. Über Scharen gleichberechtigter Koordinatensysteme. Mit 3 Textabbildungen.
4. PERRON, OSKAR. Über die Approximation irrationaler Zahlen durch rationale. I.
5. LIEBMANN, HEINRICH. Der geometrische Aufbau der Bäcklundschen Transformation.
6. EISENHUT, O. Über Kathodenstrahlintensitätsmessung durch feste Kondensatoren.
7. KÖNIGSBERGER, LEO. Über vollständige Integrale partieller Differentialgleichungen erster Ordnung.
8. PERRON, OSKAR. Über die Approximation irrationaler Zahlen durch rationale. II.
9. LIEBMANN, HEINRICH. Flächen mit einer vorgeschriebenen Schar geodätischer Parallelkurven.
10. BALDUS, RICHARD. Über die Flächen, welche die Strahlen eines Bündels unter festem Winkel schneiden.
11. KÖNIGSBERGER, LEO. Die Erweiterung des Helmholtzschen Princips von der verborgenen Bewegung und den unvollständigen Problemen auf kinetische Potentiale beliebiger Ordnung.

Abteilung B. Biologische Wissenschaften.
Jahrgang 1921.

1. KOSSEL, A. Über die Beziehungen der Biochemie zu den morphologischen Wissenschaften.
2. HELLPACH, WILLY. Das fränkische Gesicht. Untersuchungen zur Physiognomik der deutschen Volksstämme. I. Folge.

PREISE WERDEN AUF ANFRAGE MITGETEILT

---

* Bestellungen auf solche Veröffentlichungen der math.-naturw. Klasse, welche früher im Verlag von Carl Winters Universitätsbuchhandlung in Heidelberg erschienen sind nimmt auch der Verlag Walter de Gruyter & Co., Berlin, entgegen.

Sitzungsberichte
der Heidelberger Akademie der Wissenschaften
Stiftung Heinrich Lanz

Mathematisch-naturwissenschaftliche Klasse

Jahrgang 1926. 2. Abhandlung.

Über periodisch wachsende tropische Baumarten

Aus dem Nachlaß

von

Georg Klebs

Vorgelegt durch L. Jost

Mit zwei Textfiguren

Berlin und Leipzig 1926

Walter de Gruyter & Co.

vormals G. J. Göschen'sche Verlagshandlung / J. Guttentag, Verlagsbuchhandlung / Georg Reimer / Karl J. Trübner / Veit & Comp.

Über periodisch wachsende tropische Baumarten.

Aus dem Nachlaß von GEORG KLEBS[1]).

Unter den anscheinend sehr gleichmäßigen Bedingungen des Tropenklimas verläuft die Entwicklung vieler Bäume in rhythmischem Wechsel von Wachstum und Ruhe. In der Frage, wie der Wechsel unter solchen Umständen d. h. ohne auffallenden Wechsel in den klimatischen Bedingungen zu verstehen ist, habe ich auf Grund längere Zeit durchgeführter Untersuchungen die Ansicht vertreten, daß dieser Rhythmus wie überhaupt jeder Lebensprozeß die notwendige Folge oder Reaktion einer bestimmten spezifischen Struktur auf eine gewisse Beschaffenheit der Außenwelt darstellt. Bei der großen Mannigfaltigkeit dieser rhythmischen Erscheinungen bei verschiedenen Arten ergibt sich die Notwendigkeit, das Verhältnis jeder Spezies zur Außenwelt aufzusuchen. Was wir unter Bedingungen des Tropenklimas am bestimmten Ort an den Bäumen beobachten, ist, so unerläßlich diese Beobachtung auch ist, doch nur eine der vielen Reaktionsformen, deren die Art an und für sich der Struktur nach fähig ist.

Bei dem unbemerkbar langsamen Verlauf der typischen Lebensprozesse vieler tropischen Bäume, bei den sehr verwickelten Systemen solcher Bäume, bei denen durch die Wirkung der Außenwelt doch zahlreiche vorläufig noch unbekannte Vorgänge vermittelt werden, schien mir in längere Zeit dauernden Beobachtungen unter ganz anderen Bedingungen, als die Tropen bieten, der richtige Weg gegeben zu sein, um bis zu einem gewissen Grade Einblick in das Verhalten der Baumarten zur Außenwelt zu gewinnen.

Interessante Fälle rhythmischer, periodischer Erscheinungen bei zahlreichen Baumarten der Tropen sind bekannt durch die Beobachtungen von Schimper, Haberlandt, Volkens, Simon, Koorders und anderen. Ein weites unübersehbares Arbeitsfeld liegt hier für unsre Wissenschaft vor uns offen, wenn wir für jede einzelne Art die Reaktionsweise erkennen wollen.

---

[1]) Die Drucklegung des kaum lesbaren Manuskriptes ist nur durch die aufopfernde Arbeit des Herrn Studienrat Dr. H. FREUND in Halle ermöglicht worden.

In früheren Untersuchungen (1911, 1912, 1915, 1917) wurde festgestellt, daß es tropische Holzgewächse gibt, welche im tropischen Klima von Tjibodas und Buitenzorg ununterbrochenes Wachstum zeigen und die unter neuen geänderten Bedingungen in Europa lange fortwachsen. Durch lange Zeit ununterbrochen durchgeführte Untersuchungen, in denen ich das Wachstum im Laufe mehrerer Jahre verfolgte, fand ich andere Arten, die unter den im Gewächshaus herrschenden Bedingungen eine regelmäßige Ruhe aufwiesen, die sich aber unter den Bedingungen im Walde in der Heimat ganz anders verhielten.

Wir haben zwei Gruppen zu unterscheiden:

1. Solche Baumarten, die sich in unserem Klima wie einheimische Bäume verhalten, welche in günstiger Vegetationszeit wachsen und im ungünstigen Winter ruhen.
2. Solche Baumarten, welche mehrere Jahre einen mehrfachen Wechsel von Wachstum und Ruhe zeigten, anscheinend unabhängig von klimatischen Faktoren.

Bei den Untersuchungen ging ich wie früher von jungen Exemplaren aus, die ich entweder in einem Erdhügel im Institutsgewächshaus in Heidelberg frei auspflanzte oder unter Umständen in einem Topf hielt, wobei von Zeit zu Zeit die Pflanzen in frische Erde gesetzt wurden. Das Gewächshaus wurde vom Jahre 1913 bis zum Frühjahr 1917 ständig geheizt. Von diesem Zeitpunkt ab wurde wegen der Kohlennot im Sommer 1917 bis zum 1. Oktober 1917, ebenso vom 1. Mai 1918 bis 1. Oktober 1918 die Heizung unterbrochen. Die Temperaturschwankungen wurden täglich mit einem Maximum- und Minimumthermometer gemessen (Klebs 1915, S. 736—737). Der Feuchtigkeitsgehalt der Luft war im Durchschnitt relativ hoch, besonders in der Nachtzeit. Er konnte am Tage bei Sonnenschein auf 60 %, ja 50 % sinken. Im Sommer wurde das Haus mit Jalousien bedeckt. Dasselbe geschah ebenfalls im Winter bei großer Kälte, da das Haus nur ein einfaches Glasdach besaß.

Täglich wurde das Wachstum mit der Lupe beobachtet, abgesehen von einer kurzen Unterbrechung im April und einer längeren im August. Später, 1917 und 1918, nahm ich an jedem zweiten Tag Beobachtungen vor. Die Länge der Blätter — in cm angegeben — sind Ablesungen vom Millimetermaßstab, bestimmt vom Ansatzpunkt des Blattes bis zur Spitze. Das Wachstum der Blätter verläuft schließlich äußerst langsam, kann anscheinend stillstehen und dann wieder etwas weiter geführt werden. Nach einer längeren Reihe von Tagen wurden die anscheinend ausgewachsenen Blätter kontrolliert.

1. Gruppe:

Wachstum von Frühjahr bis Herbst, Ruhe im Winter.

Plumeria alba (Abb. 1).

Als Beispiel einer sehr großen Regelmäßigkeit der Periode kann Plumeria alba dienen. Der Same der Pflanze stammte aus Saigon. Eine junge, dreijährige Pflanze, die seit dem Frühjahr 1913 in lang-

Abb. 1.

samem Wachstum begriffen war, wurde, als das Wachstum anscheinend aufhörte, am 3. Oktober 1913 in einen großen Topf gesetzt. Die Blattbildung ging nur langsam vor sich bis zum 11. Dezember 1913. Dann trat Ruhe ein. Das Verhalten der Pflanze zeigt folgende Tabelle.

Jahr	Wachstum	Ruhe	Zahl der Blätter	Durchschnittliche Länge in cm	Maximum in cm	Bemerkungen
1913	Frühjahr—11. 12.	11. 12.—20. 4. 14				3. 10. 13 in groß. Topf
1914	20. 4. — 1. 11.	1. 11. 14—20. 4. 15	22	22,7	28,6	6. 10. 14 neu in großen Topf
1915	20. 4. —10. 10.	10. 10. 15—13. 4. 16	17	24,7	32,7	22. 3. 15 und 26. 10. 15 neue Erde
1916	13. 4. — 5. 10.	5. 10. 16—18. 4. 17	18	27,4	41,8	1. 8. 16 frische Erde
1917	18. 4. — 6. 10.	6. 10. 17—15. 4. 18	19	30,6	36,2	23. 6. 17 Freiland
1918	15. 4. —				40,7	16. 5. 18 Freiland

Anfang und Ende des Wachstums fallen nach diesen Beobachtungen in den aufeinanderfolgenden Jahren etwa auf den gleichen Zeitpunkt: Mitte April, Anfang Oktober. Auch im Herbst 1913 und 1914 hörte das Wachstum Anfang Oktober auf. Durch Neuversetzung gelang es aber, das Ende des Wachstums noch etwas hinauszuschieben. Die Pflanze verhielt sich im wesentlichen wie manche Holzgewächse im Klima von Heidelberg, die von Frühjahr bis Herbst ununterbrochen wachsen und beim Eintritt der ungünstigen Jahreszeit zur Ruhe übergehen (Klebs 1914, Gruppe I) und die Blätter abwerfen. Auch in bezug auf den Laubfall verhielt sich Plumeria alba wie unsere Bäume. Im Oktober und November wurden langsam die Blätter abgeworfen, so daß die Pflanze von Dezember bis Mitte April völlig kahl stand. Die Zahl der Blätter im Jahre schwankte zwischen 17 und 22. Die durchschnittliche Länge pro Jahr nahm mit dem Alter der Pflanze langsam zu.

Die entscheidende Frage, warum diese tropische Pflanze sich so benimmt wie unter gleichen Bedingungen einheimische Arten, läßt sich zunächst allgemein dahin beantworten, daß die im Herbst eintretenden für das Wachstum ungünstigen Bedingungen den Stillstand im Wachstum wie den Laubfall hervorrufen. Die Temperatur kann für sich allein nicht entscheidenden Einfluß ausüben, da das Gewächshaus geheizt wurde. Sehr wohl kann die Temperatur in Verbindung mit anderen Faktoren mitwirken. In erster Linie ist wohl Verminderung des Lichtes bzw. der Nährsalzmenge von Bedeutung. Die Versuche mit Pithecolobium Saman (Klebs 1915) und Terminalia catappa erklären uns dieses Verhalten. Frei ausgepflanzt wuchsen diese Pflanzen den ganzen Winter wie Sommer ununterbrochen, aber im Topf mit begrenzter Erdmenge machten sie eine längere Ruhezeit durch. Wegen Mangel an Material sind besondere Versuche für Plumeria alba nicht gemacht worden.

Es wäre von großem Interesse, das Verhalten der Pflanze in den Tropen vergleichen zu können. Leider sind mir Beobachtungen darüber nicht bekannt. Aber zum Vergleich kann man das Verhalten der nah verwandten Art Plumeria acutifolia anführen. Nach den Angaben von Wright (1905, S. 440) wirft Pl. acutifolia ihre Blätter in Breitenzorg im Juli und August, in Peradeniya im Dezember und Januar.

Im Garten von Buitenzorg untersuchte ich während des Winters 1910/11 ein Exemplar von Plumeria acutifolia (1911, S. 33). Es war ein kräftiger Baum, der Anfang November in vollem Laub stand und an manchen Ästen die wohlriechenden weißen Blüten trug. Bei näherer Untersuchung zeigte sich, daß die Mehrzahl der Zweige keine neuen Blätter bildete, während andere noch im Triebe begriffen waren. Bei einem anscheinend ruhenden Trieb wurden am 12. November 1910 die Blätter entfernt. Am 19. November hatte das erste neugebildete Blatt eine Länge von 3 cm.

Zeit der Beobachtung	Anfangsgröße in cm	Endgröße in cm	Zuwachs in cm	Zeit in Tagen	Zuwachs pro Tag in cm
19. 11. 10—9. 12. 10	3	20,6	17,6	20	0,9
24. 11. 10—8. 12. 10	4,1	16,2	12,1	14	0,9

Die beiden folgenden Blätter waren am 9. Dezember 1910 lang: 13,5 und 12,4 cm. Sie wuchsen in den folgenden Tagen auch nicht mehr. Am 10. Dezember 1910 erschienen zwei junge Blätter.

Zeit der Beobachtung	Anfangsgröße in cm	Endgröße in cm	Zuwachs in cm	Zeit in Tagen	Zuwachs pro Tag in cm
12.12.10—30.12.10	1,6	17,4	15,8	18	0,9
15.12.10—30.12.10	2,8	12,3	9,5	15	0,6

Am 30. Dezember 1910 wurden alle 6 Blätter fortgenommen.

Am 2. Januar 1911 neues Blatt. Bis zum Abbruch des Versuches am 2. Februar 1911 3 Blätter: 14,1; 14,3; 11,7 cm lang.

Bei einem anderen Trieb wurden die älteren Blätter fortgenommen, das jüngste gelassen.

Zeit der Beobachtung	Anfangs-größe in cm	End-größe in cm	Zuwachs in cm	Zeit in Tagen	Zuwachs pro Tag in cm
15.11.10— 4.12.10	3,6	28,2	24,6	19	1,3
26.11.10— 8.12.10	6	29,8	23,8	12	1,9
3.12.10—14.12.10	3,7	21,4	17,7	11	1,6
5.12.10—23.12.10	4,5	16,3	11,8	18	0,7

Da Wachstum bis zum 25. Dezember 1910 nicht zu bemerken war, wurden die 5 Blätter fortgenommen. Am 31. Dezember 1910 waren neue Blätter sichtbar.

Zeit der Beobachtung	Anfangs-größe in cm	End-größe in cm	Zuwachs in cm	Zeit in Tagen	Zuwachs pro Tag in cm
1. 1. 11—19. 1. 11	2,8	13,1	10,3	18	0,6
5. 1. 11—19. 1. 11	3,5	13,1	9,6	14	0,7

Bis zum 9. Februar 1911 waren 2 andere Blätter noch im Wachstum begriffen.

Spondias mangifera (Anacardiaceae).

Nach Koorders und Valeton (IV, S. 105—107) kommt in Java nur eine Varietät javanica vor, hauptsächlich in Mittel- und Ostjava. Sie ist lange Zeit blattlos. Im Garten von Paradeniya hat Wright (1905, S. 511) mehrere Jahre hindurch Spondias mangifera beobachtet und eine große Regelmäßigkeit im Verhalten festgestellt. Die Bäume verlieren das Laub Ende Oktober bis Mitte November und stehen dann kahl bis zum Anfang des neuen Treibens Ende März bzw. Anfang April. Nur bei einem Baum fing der Laubfall erst Ende Dezember an. Im Garten von Buitenzorg hat Simon (1914, S. 115—116) keine solche Regelmäßigkeit beobachten können. In blattlosem Zustand sah er einen Baum im Juni, einen zweiten im April, einen dritten im Januar. Entsprechend war auch der Wechsel im Treiben, das bei dem zweiten Baum Mitte Mai eintrat, während der dritte Baum Ende Februar austrieb. Ein kleiner Baum begann am 7. Januar zu treiben. Über die Länge der eigentlichen Treibperiode erfahren wir aus den Angaben nichts Näheres. Nach den Beobachtungen von Simon steht der Baum mehrere Monate ganz oder fast kahl, und während sich in Buitenzorg die Reifezeit mitten während des Westmonsuns abspielt, fällt sie in periodisch trockenem Klima anscheinend in die Zeit des Ostmonsuns.

Ein junges sich selbst überlassenes Exemplar verhielt sich unter den Bedingungen des Klimas von Heidelberg im wesentlichen wie Plumiera, d. h. es zeigte entsprechend unserm Klima ununterbrochen Wachstum vom Frühjahr bis Herbst, Ruhepause nach Abwerfen der Blätter während des Winters.

Es wurden folgende Versuche angestellt:

Pflanze 1.

Die seit Frühjahr 1914 wachsende Pflanze wurde im geheizten Gewächshaus dunkel gehalten. Beginn der Beobachtung am 1. August 1914. Langsames Wachstum eines Blattes vom 1. August bis 11. August von 9,4 auf 13,1 cm; junge Blätter nicht wachsend; alte Blätter welk.

17. August hell gestellt, 29. August in einen großen Topf gesetzt: kein Wachstum bis 4. Dezember; neues Wachstum bis 6. Juni 1915.

22. März ausgepflanzt: Beginn des Wachstums am 28. März.

31. Juli bis fast auf die Basis zurückgeschnitten: bis 1. September mächtiger Trieb, 46 cm lang, und 14 Blätter von Länge in Zentimeter: 22,2, 36,7; 36,3; 37,2; 49,1; 40,5; 52,2; 47,9; 31,7; 41,1; 32,5; 9,2; 11,2; 5. Anfangs 2, dann 3, 4 bis 5 Fiederpaare; sehr dicke in das benachbarte Erdbeet eingedrungene rübenförmige Wurzel.

11. September alle Blätter abfallend; 15. September neue Knospen; eine stehengelassen; 23. Oktober frei ausgepflanzt: Wachstum bis 8. November; Januar 1916 Blattabfall, kahl; 30. März 1916 neuer Trieb. Die Blätter erreichen Länge in Zentimeter: 9,2; 17,9; 21,4; 22,8; 19,6; 18,9; 18,1; 19,2; 19,7; 32,7; 35,4; 38,2; 28,3; 40,1; 31,6; 40; 41,1; 44,3; 45,4; 41,2; 37,7; 38,2; 38.

9. September Stamm zurückgeschnitten, da ans Glasdach anstoßend, Länge 63,5 cm. 13. September Achselknospen treibend bis 7. Oktober.

7. Oktober zurückgeschnitten: 11. Oktober zwei deutliche Knospen; Wachstum bis 4. November. Neues Wachstum am 23. März 1917 bis 20. Oktober.

Pflanze 2.

1. August eine Seitenknospe an Stelle von früherer Endknospe. 12. August in großen Topf gepflanzt. Die Blätter erreichen Länge in Zentimeter: 17,3; 18,7; 19,9; 15,9; 18,2; 18,6; 19,3; 21,2; 19,1; 20,2; 20,8; 21,1; 27,4; 29,2; 26,7; 21,4; 22.

22. Oktober Ruhe. 27. Oktober Schwitzkasten: alle Blätter sind auf Blattflächen und Rippen mit perlartig glänzenden Intumeszenzen bedeckt. Vgl. über deren Bildung Küster 1925, S. 70. 30. Oktober alle Blätter welk.

22. März 1915 neu ausgepflanzt: Wachstum bis 23. Oktober.

23. Oktober herausgenommen und in Wasser gestellt: kein Wachstum; Blätter allmählich gelb; im Dezember abfallend; Pflanze absterbend.

Steckling.

21. August 1914 in Erde. 20. Oktober elektrisches Licht. 22. Oktober kein Wachstum mehr; Laubabfall. 11. Dezember blattlos in das Institutsgewächshaus II gestellt. 9. April 1915 neues Wachstum den ganzen Sommer über bis 3. November.

Am 3. November ruhend; neue Erde; größerer Topf. 8. November alle Blätter gefallen.

9. November Schwitzkasten. 22. November dunkel. 3. Dezember hell: 9. Dezember neu treibend bis 14. Januar 1916. Spitze brach zufällig ab. Länge der Blätter in Zentimeter: 6,5; 10,6; 15. Abfallen der Blätter und Aufhören des Wachstums. 2. Februar ganz kahl. 4. April neues Wachstum. Blätter erreichen eine Länge in Zentimeter: 14,1; 18,5; 23,1; 28,8; 25,2; 32,3.

10. Juni Sand: bis zum 16. September haben die Blätter eine Länge in Zentimeter: 23,8; 25,4; 22,9; 29,1; 30,5; 35,5; 35,5; 32,1; 30,9; 36,8; 38,5.

Jahr	Wachstum	Dauer		Ruhe	Dauer	
		Monate	Tage		Monate	Tage
	Pflanze 1					
1914	Frühjahr bis 17.8. (infolge Dunkelheit so früh beendet)	5		17. 8. — 4. 12.	3	17
1915	4. 12. 14— 6. 1. 15	1	2	6. 1. 15—28. 3.	2	22
	28. 3. — 8. 11.	7	11	8. 11. 15—30. 3. 16	4	22
1916	30. 3. — 4. 11.	7	5	4. 11. 16—23. 3. 17	4	19
1917	23. 3. —20. 10.	6	27	20. 10. 17—25. 3. 18	5	5
	Pflanze 2					
1914	Frühjahr bis 22. 10.	7		22. 10. 14—22. 3. 15	5	
1915	22. 3. —23. 10	7		beim Versuch abgestorben		
	Steckling					
1914	Sommer bis 22. 10.			22. 10. 14— 9. 4. 15	5	18
1915	9. 4. — 3. 11.	6	25	3. 11. — 9. 12.	1	6
	9. 12. 15—14. 1. 16	1	5	14. 1. 16— 9. 4. 16	2	28
1916	4. 4. — 2. 10.	5	28	2. 10. 16—10. 3. 17	5	8
1917	10. 3. — 8. 10.	6	28	8. 10. 17—22. 3. 18	4	14

2. Oktober Ruhe, Erde, Wurzeltriebe stark in die Umgebung gewachsen. 21. Oktober horizontal dunkel. 10. November hell. 14. November elektrisches Licht, stehend im Institutsgewächshaus II.

10. März 1917 neues Wachstum. 31. Mai gut gedüngtes Freibeet. 12. September noch wachsend, Topf. 8. Oktober Ruhe. 22. März 1918 neues Wachstum.

Die mehrjährigen Beobachtungen (Tab. S. 10) an diesen Pflanzen stimmen in einem wesentlichen Punkte überein: Beginn des Wachstums Ende März bis Anfang April und dann ununterbrochen weitergehendes Wachstum während der günstigen Jahreszeit bis zum Herbst. Im Durchschnitt 7 Monate Wachstum, 5 Monate Ruhe. Sowie die ungünstige Jahreszeit beginnt, erfolgt der Kampf um das Leben in dem verringerten Licht. In Übereinstimmung steht, daß auch im Sommer Dunkelheit das Wachstum der Pflanze hemmt. Die Lichtverminderung bewirkt auch bei günstiger Temperatur und Feuchtigkeit einen langsamen Laubabfall bis zur völligen Kahlheit im Dezember bis März. Die Schwankungen im Verhalten im Herbst hängen mit der Art des Versuches zusammen. Durch Versetzen in frische Erde gelang es, bei Pflanze 1 eine erneute Wachstumsperiode im Winter 1914/15 zwischen 4. Dezember und 6. Januar d. h. in den lichtärmsten Monaten hervorzurufen, ebenso bei dem Steckling in der Zeit vom 9. Dezember 1915 bis 14. Januar 1916. Durch Dunkelheit konnte eine Ruhezeit noch in der günstigen Jahreszeit vom 17. August 1914 bis zum 4. Dezember 1914 erzielt werden. Es ist mir bisher nicht gelungen, ein völlig ununterbrochenes Wachstum während des ganzen Winters zu veranlassen. Dazu gehört sicherlich eine künstliche Beleuchtung mit größerer Lichtenergie, als mir bisher zur Verfügung stand.

Die relativ große Regelmäßigkeit im Verhalten von Spondias unter den Verhältnissen von Heidelberg erinnert an die gleiche Erscheinung im Klima von Peradeniya auf Ceylon (Wright) bezüglich des Laubfalls. Dort findet der Laubfall früher statt, im Oktober bis November d. h. in der trockenen heißen Zeit, während das Treiben in der feuchten heißen Zeit, im März bis April erfolgt. Im Buitenzorger Garten sind mehrjährige Beobachtungen nicht ausgeführt worden. Nach Simon tritt der Laubabfall bei vielen tropischen Bäumen in Westjava in der zweiten Hälfte der Westmonsunperiode d. h. im Januar bis März ein.

Eriodendron anfractuosum D. C.

In einer früheren Arbeit (Klebs 1912, S. 262) berichtete ich, daß junge Pflanzen in kleinen Töpfen in Buitenzorg mehrere Monate von

November bis Februar in beständigem Wachstum zu erhalten waren, indem ich dabei mehrmalige Entblätterungen anwendete. Ein Steckling aus Buitenzorg wurde im Frühsommer 1911 in meinem Gewächshaus ausgepflanzt. Er blieb an dieser Stelle bis heute, doch mußte er wegen seines lebhaften Wachstums in jedem Jahr mehr oder weniger zurückgeschnitten werden. In jedem Jahr wurde die Erde erneuert. Der Beginn des Wachstums ließ sich sehr gut feststellen. Ich nahm als Zeitpunkt denjenigen Tag, an welchem ich an einer oder an mehreren Knospen die Streckung der Knospen oder den Auftritt der ersten grünen Blättchen erkannte. Als Ende des Wachstums oder Eintritt der Ruhe nahm ich den Tag, an welchem die Mehrzahl der Knospen nicht mehr weiter wuchs. Man beobachtet dann kein hervortretendes junges Blättchen. In beiden Fällen ergreift der Prozeß nicht alle Knospen auf einmal, weshalb die Zeitangaben nicht auf den Tag genau sein können. In manchen Jahren begnüge ich mich mit allgemeinen Zeitangaben.

Die Blätter der Pflanze bestehen aus dem Blattstiel und 5—7 schmalen, ovalen, einzelnen Blattfiedern, die vom Ende des Blattstieles ausgehen. Ich habe die Länge des Stieles und des mittleren Fiederblattes gemessen. Um die Angaben der Messung abzukürzen, führe ich nur die Länge der mittelsten Fieder von der Basis bis zur Spitze an.

Pflanze 1.

1911. Wachstum vom Frühjahr bis 15. Dezember. Die Pflanze wurde mehrere Male zurückgeschnitten, da sie für das kleine Gewächshaus zu groß wurde, zuletzt ziemlich stark am 6. November. Bereits am 11. November kamen unten an der Achsel der oberen Blätter kleine Knospen heraus. Am 20. Juli hatte der kleine Steckling 11 Blätter. Er streckte sich bis zum 9. August auf 78 cm. Nur einige Blätter wurden gemessen. Die Länge der Blätter und der durchschnittliche Zuwachs pro Tag nahmen allmählich im Herbst sehr deutlich ab. Ruhe vom 15. Dezember 1911 bis 14. Februar 1912, also 2 Monate. Im Dezember wurden die Blätter allmählich gelb und fielen ab.

1912. Ende Januar war die Pflanze fast kahl. Am 3. Oktober wurde die Pflanze stark zurückgeschnitten, neue Knospen traten auf und wuchsen sehr langsam bis 13. Dezember. Blätter allmählich gelb werdend. Ruhe vom 13. Dezember 1912 bis 19. Januar 1913.

1913. Wachstum vom 19. Januar bis 17. November, anfangs sehr langsam. Die älteren Blätter im Februar ganz abfallend. Stärkeres Wachstum erst vom 28. Februar ab beobachtet. Alle Knospen treibend bis 17. November. Im Herbst 1913 früheres Abfallen der Blätter, so daß die Pflanze am 10. Dezember bereits kahl war. Ruhe vom 17. November 1913 bis 9. Februar 1914.

1914. Wachstum vom 9. Februar bis 8. November. An diesem Tage viele gelbe Blätter. Am 2. Dezember wurde die Pflanze zurückgeschnitten bis auf ein basales Stammstück von 27 cm Länge. Ein kleiner grüner Trieb wurde allein übriggelassen. Am 10. Dezember wurde die erste Knospe deutlich sichtbar. An ihr wurden die Messungen vorgenommen, die anderen Knospen wurden entfernt. Das Wachstum war deutlich, aber sehr langsam. Das erste junge Blättchen wuchs vom 10. Dezember bis 19. Dezember nur bis zu einer Länge von 1,9 cm.

1915. Langsames Wachstum bis Mitte März. Dann ging das Wachstum den ganzen Sommer über lebhaft weiter. Am 22. März wurde die alte Erde durch neue ersetzt. Der Stengel der gemessenen Knospe hatte

bis 8. April eine Länge von 33,4 cm,
bis 18. April eine Länge von 42 cm,
bis 1. Mai eine Länge von 65 cm

erreicht. Das Wachstum dauerte vom 10. Dezember 1914 bis 30. November 1915 d. h. fast ein volles Jahr, auch während der Monate Dezember bis Februar.

1916. Ruhe vom 30. November 1915 bis 24. Februar 1916. Am 10. Januar Mehrzahl der Blätter gelb. Am 26. Januar ganz kahl. Am 24. Februar junge Knospen sichtbar; bis Mitte März langsam treibend. Über das weitere Verhalten vgl. die Tabelle.

Am 24. September 1918 wurde die Pflanze heruntergeschnitten.

Jahr	Wachstum	Dauer		Ruhe	Dauer	
		Monate	Tage		Monate	Tage
1911	April bis 15. 12.	$8^1/_2$		15. 12. 11—14. 2. 12	2	
1912	14. 2. —13. 12.	10		13. 12. 12—19. 1. 13	1	6
1913	19. 1. —17. 11.	10		17. 11. 13— 9. 2. 14	2	23
1914	9. 2. — 8. 11.	9		8. 11. 14—10. 12. 14	1	2
1915	10. 12. 14—30. 11. 15	11	20	30. 11. 15—24. 2. 16	2	24
1916	24. 2. —15. 11.	8	22	15. 11. 16—20. 2. 17	3	5
1917	20. 2. —30. 10.	8	10	30. 10. 17—24. 12. 17	1	24
1918	24. 12. 17—24. 9. 18	9				

Einige Blattmessungen.

Zeit	Anfangsgröße in cm	Endgröße in cm	Zuwachs in cm	Tage	Durchschnittszuwachs pro Tag in cm
1911					
20. 7.—29. 7.	7,6	20,7	13,1	9	1,4
29. 7.— 9. 8.	4,3	19,8	15,5	11	1,4
17. 9.— 9. 10.	0,3	25,7	25,4	22	1,1
10. 10.— 6. 11.	7,3	22,5	15,2	27	0,6
21. 11.—12. 12.	1,2	12,1	10,9	21	0,5
2. 12.—15. 12.	2,4	6,4	4,0	13	0,3
1912					
17. 2.— 3. 3.	2,2	14,7	12,5	15	0,8
4. 3.—28. 3.	3,7	25,9	22,2	24	0,9
5. 5.—23. 5.	1,0	27,5	26,5	18	1,5
27. 5.— 8. 6.	2,4	22,8	20,4	12	1,7
9. 6.— 1. 7.	5,5	34,5	29,0	22	1,3
1914/15					
17. 12.—16. 1.	0,7	25,1	24,4	30	0,8
20. 12.—30. 1.	3,4	19,5	16,1	41	0,4
24. 12.— 3. 2.	4,1	25,3	21,2	41	0,5

Wenn auch im Durchschnitt die Pflanze im Laufe des Jahres in den lichtärmsten Monaten Dezember bis Januar ruhte, so lag doch die Möglichkeit in ihr, auch in diesen Monaten zu wachsen wie besonders 1914/15, nachdem der stark zurückgeschnittene, aber kurze, dicke Stamm seine Reservestoffe seiner einen jungen Knospe zur Verfügung stellte. Der Zufluß von organischem Material ermöglichte der jungen Knospe auch bei sonst ungenügender C-Assimilation zu treiben. Wir werden noch weitere Bestätigungen durch das Verhalten von Stecklingen der gleichen Pflanze kennenlernen.

Pflanze 2.

1911. Ein junger Steckling wurde am 8. November 1911 in Sand in den Schwitzkasten gestellt. Nach etwa 3 Wochen war er gut bewurzelt. Er wurde am 22. Dezember 1911 in einen Topf mit Erde versetzt. Die Spitze des Triebes war im Wachstum begriffen.

1912. Das Wachstum war den ganzen Winter ununterbrochen vor sich gegangen, allerdings sehr langsam. Von Februar an wurde es lebhafter und dauerte den ganzen Sommer an bis zum Herbst. Am 5. Oktober wurde die Pflanze in einen Erdhügel frei ausgepflanzt. Am 19. November hörte das Wachstum auf. Die Ruhe dauerte bis 19. Januar 1913, also 2 Monate.

Einige Blattmessungen:

Zeit	Anfangsgröße in cm	Endgröße in cm	Zuwachs in cm	Tage	Durchschnittszuwachs pro Tag in cm
1912					
29.12.11—27.1.12	1,5	9.7	8,2	29	0,3
20. 1. — 6. 2.	6,0	12,0	6,0	17	0,3
29. 1. —16. 2.	3,4	7,0	3,6	18	0.2
14. 2. —29. 2.	1,5	11,9	10,4	15	0,7
11.10. —30.10.	1,5	9,6	8,1	19	0,4
31.10. —18.11.	6,4	20,2	13,8	18	0,8

1913. Wachstum vom 19. Januar bis 21. November. Darauf 24 Tage Ruhe bis zum 15. Dezember.

1914/15. Die Pflanze wuchs vom 15. Dezember 1913 an ununterbrochen und wurde am 24. Oktober 1914 stark zurückgeschnitten. Sie hatte in dieser Vegetationszeit 70 Blätter gebildet.

	Durchschnittslänge in cm	Minimum in cm	Maximum in cm
Stiel	12,2	3,0	22,0
Mittelfieder	9,0	4,0	16,2
Ganzes Blatt	21,2	6,9	37,7

Nur ein basales Stück von 34,5 cm Länge und 1,8 cm Dicke wurde stehengelassen. Von den nach dem Abschneiden gleich neu erscheinenden Knospen wurden 9 entfernt, eine stehengelassen. Die sehr kräftige vorhergehende Ernährung bewirkte ungewöhnlich lebhaftes Wachstum während der Wintermonate bis Ende März. Besonders im zweiten Monat zeigte sich das Wachstum in der Streckung der Achse, die dann im Januar 1915 sehr stark abnahm, so daß dann die Blätter sehr dicht aufeinander folgten.

Länge der Achse

am 28. 11. 14 : 5,8 cm
30. 11. 14 : 9,9 cm
1. 12. 14 : 12,0 cm
2. 12. 14 : 14,6 cm
10. 12. 14 : 24,0 cm
18. 12. 14 : 26,2 cm
27. 12. 14 : 27,4 cm
10. 1. 15 : 28,2 cm
1. 2. 15 : 28,2 cm.

Die Streckung der Achse betrug also in der Zeit vom 28. November 1914 bis 10. Dezember 1914 in 12 Tagen 18,2 cm, vom 10. Dezember 1914 bis 10. Januar 1915 in 30 Tagen 4,2 cm. Die Länge der Blätter zeigt ebenfalls anfangs einen starken Anstieg, um dann im Februar allmählich abzunehmen. Länge in cm: 17,6; 35,4; 33,8; 29,0; 27,1; 27,5; 22,7; 20,5; 19,7; 16,2; 19,9; 13,8; 14,8; 13,4; 11,9; 10,6; 13,1.

Am 4. März 1915 waren die vorjährigen Blätter alle und ein Teil der neugebildeten abgefallen. Am 22. März 1915 wurde die Pflanze aus der Erde herausgenommen und in einen Topf gesetzt. Infolge der dabei nicht zu vermeidenden Wurzelverletzung warf die Pflanze die Mehrzahl ihrer neuen Blätter ab, so daß sie am 30. März fast kahl stand. Die jungen Blätter an der Spitze wuchsen aber weiter. Das Wachstum, das am 15. Dezember 1913 begonnen hatte, dauerte bis zum 30. Oktober 1915, also fast 2 Jahre. Die nun eingetretene Ruhe dauerte nur bis zum 26. November. Am 10. November wurde die Pflanze beschnitten. Am 26. November erfolgte neues Wachstum, das bis zum 1. Januar 1916 dauerte. Dann blieb die Pflanze in gleicher Erde sich selbst überlassen.

Jahr	Wachstum	Dauer		Ruhe	Dauer	
		Mon.	Tage		Mon.	Tage
1911/12	22. 12. 11—19. 11. 12	11		19. 11. 12—19. 1. 13	2	
1913	19. 1. 13—21. 11. 13	10		21. 11. 13—15. 12. 13		24
1914/15	15. 12. 13—30. 10. 15	22,5		30. 10. 15—26. 11. 15		27
1916/17	26. 11. 15— 1. 1. 16		36	1. 1. 16—25. 3. 16	2	25
	25. 3. 16—23. 10. 16	7		23. 10. 16—23. 3. 17	5	

In einzelnen Jahren beobachtete ich bei dem Steckling im Winter eine Ruhezeit wie bei der Stammpflanze z. B. 1912/13 zwei Monate lang. Aber im Laufe der Jahre finden wir ein sehr abweichendes Verhalten. Besonders wesentlich ist es, daß der Steckling schon im ersten Jahre 1911 den ganzen Winter über wachsen konnte und daß er nach sehr kräftiger Ernährung im Sommer 1914 und nach im Herbst 1914 erfolgtem Zurückschneiden des Stammes und Entfernung der Knospen ununterbrochen $22^1/_2$ Monate wuchs. Im nächsten Jahre gab es während des Winterhalbjahres sogar 2 Ruheperioden. Die zweite Ruhezeit im Winter dauerte 84 Tage. Da die Pflanze sich selbst überlassen blieb, stieg die Dauer der Ruhezeit im Winter 1916/17 auf die Zeit von 5 Monaten. Die Ruhezeit kann noch länger dauern, wie folgender Versuch beweist.

Pflanze 3

Ein Steckling wurde am 1. Mai 1913 in Sand gesteckt und gut bewurzelt am 17. September in Erde versetzt. Gut wachsend. Am 8. Oktober wurde er nach sorgfältiger Abspülung der Wurzeln in destilliertes Wasser gestellt. Das Wachstum des Stengels ging an der Spitze sehr langsam vor sich. Ein einziges Blatt wuchs vom 9. Oktober bis 17. Oktober von 10,4 cm auf 11,6 cm. Dann ruhte das Wachstum. Die alten Wurzeln waren abgestorben. Neue kleine Würzelchen zeigten sich. Am 25. Oktober ersetzte ich das Wasser durch 0,1 Knopsche Nährlösung. Das Wachstum der Wurzeln hörte auf. Nach Ersatz der Nährlösung durch Leitungswasser am 26. November entstanden bis 1. Dezember vier, bis 6. Dezember sechs neue junge Würzelchen, die nach Kultur in v. d. Cronescher Nährlösung seit 8. Dezember etwas weiter wuchsen. Am 14. Februar 1914 wurde die Pflanze, die alle Blätter abgeworfen hatte, in frische Erde versetzt. Aber das Wachstum ruhte mit Ausnahme eines kleinen Blättchens, das aber bald abfiel. Erst am 6. Juni 1914 begann nach einer Ruhezeit von $7^1/_2$ Monaten lebhaftes Treiben. Die Ruhe nach dem 14. Februar bis zum 6. Juni ist sehr erstaunlich. Denn wenn auch zunächst das Wurzelsystem sich in schlechtem Zustand befand, so mußte es doch nach allen Erfahrungen mit Stecklingen nach 3—4 Wochen frisch gebildet worden sein. Es muß die Ruhe des Vegetationspunktes trotz sonst günstiger Wachstumsbedingungen durch die vorher bestimmt vorhandene dauernd ungenügende Versorgung mit Nährsalzen infolge schlechter Wurzelbildung bedingt sein. Es könnten allerdings auch Ausscheidungen des kränkelnden Wurzelsystems die tiefe Ruhe veranlaßt haben.

Im Sommer 1914 wurde ein neuer Versuch über die Wirkung der Nährsalzaufnahme durch die Wurzeln auf das Wachstum von Stecklingen angesetzt.

Pflanze 4

Ein bewurzelter Steckling wurde am 27. Mai 1914 in Erde gepflanzt. Am 27. Juni wurde der Topf unter Wasser gestellt, so daß die Basis des Sprosses von Wasser umgeben war. Das Wachstum der Blätter ging zunächst noch vor sich, wenn auch langsam. Ein Blättchen von 9,1 cm Länge wuchs vom 27. Juni bis 7. Juli, also in 10 Tagen, um 3,1 cm. Das nächste Blatt von 1,5 cm Länge erreichte nach 24 Tagen eine Länge von 3,3 cm, wurde weißlich, und das Wachstum stand still. An der Basis des Stengels im Wasser traten viele lentizellenartige Wucherungen auf. Am 4. August wurde die ruhende Pflanze in frische Erde und in den Schwitzkasten gestellt. Hier begann das Wachstum am 21. August, nachdem die das Wachstum hemmenden Faktoren —die ständige Durchtränkung des Bodens mit Wasser — 38 Tage gedauert hatten.

Im gleichen Jahr wurde der Einfluß des flüssigen Mediums untersucht.

Pflanze 5 und 6

Von zwei kräftig bewurzelten Stecklingen wurde am 25. Juni 1914 der eine in destilliertes Wasser, der andere in 0,1 Knopsche Nährlösung gestellt.

Die Pflanze 5 in destilliertem Wasser zeigte Wurzelwachstum bis 30. Juni. Am 10. Juli eine neue weiße Wurzel. Am 2. August alle Wurzelspitzen bräunlich. Blattwachstum vom 25. Juni bis 8. Juli, also 13 Tage. Nachdem die Pflanze am 8. August in 0,1 Knopsche Nährlösung überführt war, traten in den nächsten Tagen junge Wurzeln auf, am 14. August junge Blätter, die bis 4. September langsam weiter wuchsen. Stengel zufällig abgebrochen.

Die Wurzeln der Pflanze 6 in 0,1 Knoplösung wuchsen in den ersten Tagen nicht. Am 30. Juni traten an der nicht in Nährlösung eingetauchten Basis die ersten Wurzeln auf, am 7. Juli neue Wurzeln in der Nährlösung. Die Nährlösung wurde dann durch frische 0,1%ige Lösung ersetzt.

Einige Blattmessungen.

Zeit	Anfangsgröße in cm	Endgröße in cm	Zuwachs in cm	Tage	Durchschnittszuwachs pro Tag in cm
25. 6.—14. 7.	6,8	15,0	8,2	19	0,4
25. 6.—22. 7.	1,3	8,2	6.9	27	0,3
8. 7.—30. 7.	1,0	7,2	6,2	22	0,3

Am 30. Juli kein Blattwachstum mehr, obwohl am 25. Juli die Knoplösung unter Zusatz von phosphorsaurem Eisenoxyd erneuert wurde. Blätter chlorotisch. Am 4. August in frische Erde versetzt. Am 28. August nach einer Ruhezeit von 29 Tagen neue Blattbildung.

Wir sehen daraus, daß die Gegenwart von Nährlösung durchaus nicht unter allen Umständen Wachstum bewirkt. Ihre Aufnahme hängt davon ab, ob genügend junge Wurzeln vorhanden sind. Im allgemeinen führt ein flüssiges Medium ebenso wie vorher die Durchtränkung der Erde mit Wasser bald früher bald später zu einer Beschränkung des Wurzelsystems und damit immer zu einer Ruhe des Stengels, die auch nach Versetzung in frische Erde längere oder kürzere Zeit andauert.

Pflanze 7

Schon im Winter 1910/11 zeigte es sich, daß junge Stecklingspflanzen von Eriodendron gegenüber Dunkelheit sehr empfindlich sind. Schon nach Verdunkelung von wenigen Tagen findet Blattabfall und Stillstand des Wachstums statt. Ins Licht zurückgebracht, nahm der Vegetationspunkt das Wachstum wieder auf. An der gleichen Pflanze wurde der gleiche Versuch mit gleichem Erfolg wiederholt.

Im Sommer 1914 machte ich einen gleichen Versuch mit einer Stecklingspflanze, die seit April kräftig gewachsen war. Am 26. Juni wurde sie unter einen großen Dunkelzylinder ins geheizte Gewächshaus gebracht. 3 Blätter wurden gemessen. Das eine wuchs in den ersten beiden Tagen von 7,7 cm auf 8 cm, das zweite in 3 Tagen von 5,8 cm auf 6,5 cm und das dritte in 3 Tagen von 2,2 auf 3,3 cm. Bei allen stand dann das Wachstum still und die Blätter fielen ab. Nach 8 Tagen hell gestellt, starb der Vegetationspunkt ab.

Das Resultat war ganz anders, als ich in einem Versuch im Sommer das Licht nur etwas verminderte, indem ich die Pflanze unter ein Tablett stellte.

Pflanze 8

1913. Ein bewurzelter Steckling der alten Pflanze wurde am 20. Juni 1913 in Erde versetzt. Wachstum bis 9. September. Dann ausgewaschen und in gewöhnlichen, nicht gereinigten Flußsand gesetzt. Das Wachstum ging langsam weiter. Ein Blatt wuchs vom 9. September bis 8. Oktober von 2,9 cm auf 13,8 cm, also 0,3 cm pro Tag, ein anderes vom 1. Oktober bis 22. Oktober von 2,6 cm auf 6,4 cm, also 0,3 cm pro Tag. Am 2. November in Erde. Neues Wachstum bis 20. Dezember, aber sehr kümmerlich, mehrfach junge Blättchen früh absterbend, weil augenscheinlich zu geringe organische Lichternährung vorhanden war.

1914. Am 4. Januar Ruhe bis Anfang Februar. Nun Blattentwicklung, aber erst seit Anfang April intensiveres Wachstum. Am 13. Mai wurde der Topf mit etwas frischer Erde halbdunkel unter ein Tablett gestellt. Das Wachstum ging weiter, wenn auch recht langsam bei geringen Blattlängen: 12,8; 10,0; 6,7; 9,8; 6,2; 3,2 cm. Am 14. Juli hörte nach 62 Tagen mitten im Sommer das Wachstum des gemessenen Triebes auf. Aber ein anderer Trieb fing von neuem zu wachsen an und wuchs bis zum 31. Oktober. Blattlängen in cm: 3,9; 10,8; 7,8; 11,8; 10,7; 10,3; 10,1; 7,1; 8,7. Die Ruhe dauerte vom 31. Oktober 1914 bis 26. Februar 1915 fast 4 Monate.

1915. Die in lebhaftem Wachstum begriffene Pflanze wurde dann am 17. April nach Versetzung in frische Erde der kontinuierlichen Beleuchtung durch eine Osramlampe von 1000 Kerzen ausgesetzt. Das Wachstum ging nur 4 Tage weiter. Die früheren Blätter fielen ab. Der Grund für das Aufhören des Wachstums lag in der zu starken Transpiration trotz sehr feucht gehaltener Erde. Die Luftfeuchtigkeit bewegte sich zwischen 30 und 40 %. Am 2. Mai wurde die Pflanze in das feuchte Gewächshaus gebracht. Sie begann sich allmählich zu erholen und zeigte am 14. Mai die ersten grünen Blätter. Das Wachstum ging dann ununterbrochen bis zum 30. Oktober weiter. Am 12. November wurde sie in neue Erde versetzt. Der erste Trieb zeigte sich bereits am 15. November, wuchs bis zum 8. Januar 1916 und trat wieder in Ruhe ein.

Die Versuche mit Eriodendron beweisen zur Genüge, daß bei einer bestimmten Pflanze und den davon abstammenden Stecklingspflanzen die mannigfachsten rhythmischen Verhältnisse sich hervorrufen lassen, je nach den äußeren Bedingungen von mehr als 22 Monate ununterbrochenem Wachstum bis zu einer Ruhe von $7^1/_2$ Monaten.

Die Beobachtung, daß die Stecklinge der gleichen Pflanze sich gleich verhalten wie die Mutterpflanze, hat gewiß nichts Überraschendes, sobald die äußeren Bedingungen einigermaßen gleichmäßig sind.

Um auch die Frage zu prüfen, wieweit verschiedene Individuen, die evtl. verschiedener Rasse angehören, unter einigermaßen gleichen Bedingungen sich verhalten, ließ ich mir Samen von Eriodendron aus Saigon kommen und untersuchte 2 Keimlinge. Ich will kurz das Verhalten in meinem Gewächshaus angeben.

Keimpflanze 1 (Abb. 2).

1913. Ein bewurzelter Keimling wurde am 20. November in 0,1 Knoplösung gesetzt. Es erfolgte sehr lebhafte Wurzelbildung, so daß 50 neue Wurzeln bis zum 6. Dezember entstanden. Das Wachstum ging langsam, aber ununterbrochen vor sich bis zum 30. Dezember. Ein Blatt wuchs vom 29. November bis 15. Dezember von 1 cm auf 7,1 cm, ein anderes vom 8. Dezember bis 26. Dezember von 2,1 auf 9,3 cm d. h. beide um 0,4 cm pro Tag. Am 30. Dezember wurde die Pflanze in frische Erde versetzt.

1914. Neues Wachstum erfolgte nach einer Winterruhe von 1 Monat 10 Tagen am 10. Februar. Die lebhaft treibende Pflanze wurde am 20. April in Flußsand versetzt. Das Wachstum ging auffallenderweise relativ lebhaft längere Zeit hindurch fort bis zur gewöhnlichen Winterruhe am 23. Dezember. Blattlängen in Zentimeter: 13,7; 9,6; 9,6; 17,9; 14,6; 16,6; 15,4; 14,6; 11,8; 11,2; 13,4; 14,2; 10,2; 10,9; 14,6; 11,0; 10,5; 11,3; 10,4; 10,9; 6,7. Neues Wachstum begann relativ früh am 31. Dezember.

1915. Am 14. März hörte das Wachstum bereits wieder auf. Blattlängen in cm: 14,2; 14,0; 13,2; 7,2; 4,0. Ich überließ die Pflanze sich selbst. Am 7. April begann neues Wachstum, aber es hörte am 18. Mai wieder auf. Die Ruhe dauerte lange, bis 18. Juli. Das Wachstum darauf dauerte bis 18. Oktober. Am 2. November wurde die Pflanze

Abb. 2.

in frische Erde versetzt. Am 16. November trat ein grünes Blatt hervor, das aber am 2. Dezember bereits sein Wachstum beendete. Bei geringem Nährsalzgehalt des Mediums vermochte die Pflanze den ersten Sommer andauernd zu wachsen. Wahrscheinlich hatte sie seinerzeit in der Nährlösung einen Teil der nötigen Salze in sich aufgespeichert. Im folgenden Jahr trat ein mehrfacher Wechsel von Wachstum und Ruhe ein.

Jahr	Wachstum	Dauer Monate	Dauer Tage	Ruhe	Dauer Monate	Dauer Tage
1913	Frühjahr 13—31.12.13	ca. 11		31. 12. 13—10. 2. 14	1	10
1914	10. 2. —13.10.	8	3	13. 10. —31. 12.	2	18
1915	31. 12. 14 —14. 3. 15	2	14	14. 3. — 7. 4.		24
	7. 4. —18. 5.	1	11	18. 5. —18. 7.	2	
	18. 7. —16.10.	2	29	16. 10. —16. 11.	1	
	16. 11. — 2.12.		16			

Keimpflanze 2.

1913. Der seit Frühjahr wachsende Keimling kam am 23. September in einen großen Topf. Von da ab wurde das Wachstum erst gemessen. Es war zuerst längere Zeit sehr langsam.

Einige Blattmessungen:

Zeit	Anfangsgröße in cm	Endgröße in cm	Zuwachs in cm	Tage	Durchnittszuwachs pro Tag in cm
24. 9.—21. 10.	3,1	12,2	9,1	27	0,3
13. 10.—27. 10.	3,8	9,0	5,2	14	0,4
26. 10.—11. 11.	8,6	13,8	5,2	16	0,3
29. 10.—14. 11.	2,4	11,4	9,0	16	0,5
8. 11.—17. 11.	2,9	6,5	3,6	9	0,4
20. 11.— 3. 12.	1,4	2,8	1,4	13	0,1

Am 3. Dezember hörte das Wachstum auf. Am 30. Dezember wurde die Pflanze frei ausgepflanzt.

1914. Das erste Blättchen zeigte sich am 9. Januar, aber es wurde erst deutlich am 8. Februar. Sehr kräftiges Wachstum im Laufe des Sommers bis 12. November. Seit 1. Mai folgende Blattlängen in Zentimeter gemessen: 20,5; 21,0; 29,1; 32,5; 28,0; 28,2; 20,5. Am 23. Juni in reinen Flußsand gesetzt. Blattlängen in Zentimeter: 12,4; 10,2; 11,3; 11,4; 10,4. Im Laufe des Juli ältere Blätter gelb, abfallend. Am 27. Oktober in Erde. Wachstum bis 12. November.

Jahr	Wachstum	Dauer		Ruhe	Dauer	
		Monate	Tage		Monate	Tage
1913	Frühj.— 3. 12.	ca. 8		3. 12. 13— 8. 1. 14	1	5
1914	8. 1. —12. 11.	10	4	12. 11. 14—15. 2. 15	3	3
1915	15. 2. —Nov.15	ca. 8		Nov. 15—20. 2. 16	3	
1916	20. 2. —10. 11.	7	20	10. 11. 16—Februar 17	ca. 3	
1917	Febr. 17—Herbst 17	ca. 8				

Diese Keimpflanze verhielt sich, solange sie sich unter den Bedingungen des Gewächshauses befand, genau so wie die Stecklingspflanzen d. h. ununterbrochenes Wachstum vom Februar bis November, Ruhezeit mit Laubfall während der Wintermonate. Durch Auspflanzen Ende Dezember konnte die Wachstumszeit auf 10 Monate ausgedehnt werden. Nach vorhergehender sehr kräftiger Ernährung erhielt sich das Wachstum auch nach Verpflanzung in reinen Sand von Juni bis zum Herbst. Daß sich auch bei Sämlingen starke Veränderungen der Rhythmik erzielen lassen, beweisen die Versuche mit der ersten Keimpflanze.

Die Untersuchungen an Eriodendron anfractuosum führen zu folgenden Ergebnissen:

1. Unter den Bedingungen des Gewächshauses von Heidelberg erfolgt ein regelmäßiger Wechsel von Wachstum und Ruhe. Das Wachstum verläuft ununterbrochen während der günstigen Jahreszeit von Februar bis November. Die Ruhe, verbunden mit Abfall der Blätter, dauert während der lichtarmen Wintermonate vom November bis Februar. Stecklinge der gleichen Pflanze und Sämlinge aus einer anderen Gegend zeigen das gleiche Verhalten.
2. Die Rhythmik kann in verschiedenster Weise geändert werden durch Änderung der äußeren Faktoren. Nur ein paar Hauptfälle:
   a) Ununterbrochenes Wachstum auch während der Wintermonate bis zu einer Dauer von 22 Monaten d. h. fast 2 Jahren. Hauptbedingungen sind: vorhergehende sehr kräftige Ernährung in guter Erde bei hellem Licht, Beschränkung des Wachstums auf eine einzige Knospe, so daß dieser alles organische Material zur Verfügung steht. Versetzen in frische Erde verlangsamt das Wachstum auch eine Zeitlang während des Winters.
   b) Jederzeit Hervorrufen der Ruhe durch Verdunkelung.
   c) Verlängerung der Ruhezeit auch in den günstigen Monaten durch mangelhafte Wurzelernährung.

d) Mehrfacher Rhythmus von Wachstum und Ruhe noch während der günstigen Jahreszeit durch längeres Halten in sehr nährstoffarmem Boden.

Entsprechend ergab sich:

Plumeria alba.

1. Wechsel von Wachstum und Ruhe im Gewächshaus in Heidelberg. Wachstum von Mitte April bis Anfang Oktober, Ruhe und Laubabfall in den Wintermonaten.
2. Änderungen der Rhythmik
   a) Verbesserung der Bodenernährung durch Versetzen in neue Erde kurz vor dem „normalen“ Beginn der Ruhe vermag die Wachstumsperiode zu verlängern.
   b) Bei Plumeria acutifolia lassen sich ruhende Triebe durch Entfernen der Blätter zu neuem Wachstum veranlassen.

Spondias mangifera.

1. Wechsel von Wachstum und Ruhe im Gewächshaus in Heidelberg. Wachstum von Ende März bis Mitte Oktober, Ruhe im Winter.
2. Änderungen der Rhythmik:
   a) Hervorrufen neuer Wachstumsperioden auch im Winter durch Erneuerung der Bodenernährung.
   b) Verminderung der Wachstumsintensität auch im Sommer durch Verdunkelung.

2. Gruppe:

Rhythmischer Wechsel von Wachstum und Ruhe scheinbar unabhängig von der Jahreszeit.

Bei dieser Gruppe erfolgt die Blattbildung in einzelnen Schüben (Volkens, 1912), worauf Ruhe eintritt. In früheren Untersuchungen (Klebs, 1912) wurden als Vertreter dieser Gruppe berücksichtigt: Petraea volubilis, Sterculia macrophylla, Theobroma cacao. Es gelang, bei der letzten Pflanze ein längeres ununterbrochenes Wachstum zu beobachten. Eine Differenz innerhalb der Gruppe macht sich dann bemerkbar, wenn auf den Schub der Laubblätter ein solcher von Niederblättern folgt. Als Beispiel wurde früher (Klebs, 1912) Litsaea latifolia angeführt. Bei dem ausgepflanzten Exemplar konnte in der Zeit vom 8. Juli bis 8. November d. h. während 4 Monaten ein dreimaliges Treiben, bedingt durch Entfernung der neugebildeten Blätter, beobachtet werden. Die anscheinende Ruhezeit betrug 8—11 Tage. Während dieser Zeit erfolgt wieder Anlage und dann erst Wachstum der Blätter. Viel eingehender und längere Zeit hindurch beschäftigte ich mich mit einer zweiten Pflanze:

Concopita guianensis.

Pflanze 1.

Eine junge Keimpflanze, deren Same aus Saigon bezogen war, wurde am 15. September 1913 frei in einen Erdhügel des warmen Gewächshauses ausgepflanzt. Sie war gerade im Treiben begriffen. Die Laubblätter entwickelten sich in dichter Aufeinanderfolge als kaum gestielte, länglich ovale, ganzrandige Blätter mit hellen, fast gelblichen Spreiten. Nach Beendigung des Wachstums des letzten Blattes sieht man an der Spitze kleine bräunliche Schuppen in der Form von Niederblättern. Allmählich wächst die Knospe heran, wird länger und dicker und legt neue Laubblätter an. Nach einiger Zeit beginnt die Streckung, indem die Niederblätter auseinanderweichen und das erste grüne Blatt hervortritt. Die Zahl der Niederblätter schwankt zwischen 5 und 7. Die ersten grünen Blättchen sind meist sehr klein und wurden weiterhin nicht mitgezählt. Innerhalb des Schubes bemerkt man anfangs eine geringere Länge der Blätter als weiterhin. Auch können die letzten Blätter etwas kürzer sein. Im ganzen zeigt sich ein regelmäßiger An- und Abstieg der Blattlängen, wie aus dem Weiteren hervorgehen wird. Das Ende des Blattwachstums läßt sich auf den Tag genau bestimmen. Auch der Beginn der Streckung und das Hervortreten der grünen Blattspitzen lassen sich einigermaßen genau feststellen. Dagegen war es nicht möglich, die Zeit zwischen Aufhören und Wiederbeginn der Streckung genau zu zerlegen in die Zeit des Blattanlagewachstums und der Ruhe, also den Wechsel zwischen Ruhe und Wachstumsvorgang ganz genau anzugeben. Ich habe versucht, durch einige Messungen die Zeit des Blattanlagewachstums zu erkennen. Sie hat 8—14 Tage betragen, in einigen Fällen auch bis zu 20 Tagen. Wegen der Unsicherheit einer genauen Bestimmung werde ich im folgenden als Ruhe die Zeit zwischen Aufhören und Wiederbeginn der Streckung angeben. Ist diese Zeit nicht länger als etwa 14 Tage, so hat wohl überhaupt eine wesentliche Ruhe nicht stattgefunden, während sie bei längerer Dauer dieses Zeitraumes wohl tatsächlich existierte. In den ersten beiden Jahren nach Beginn des Versuches wurden alle Wachstumsperioden genau beobachtet, namentlich die Blätter in ihrem Wachstum genau verfolgt. Der im Moment der Auspflanzung sich entwickelnde Blattschub beendete sein Wachstum am 26. September 1913. Sofort begann ein neues Treiben mit nur zwei Niederblättern von 2 cm und 3,8 cm Länge.

1913. 1. Blattschub 30. September bis 7. November. 38 Tage. 6 Blätter. Länge in Zentimeter: 15,0; 18,0; 17,9; 16,8; 19,5; 19,3. Ruhe 7. November bis 31 Dezember. 54 Tage. In der ersten Zeit Ausbildung der Knospen mit Niederblättern und Laubblattanlagen, was nach meiner Messung ca. 20 Tage dauerte.

1914. 2. Blattschub 31. Dezember bis 5. Februar 1914. 36 Tage, 5 Blätter. Länge in Zentimeter: 12,0; 15,3; 13,6; 16,9; 14,5. Ruhe 5. Februar bis 15. Februar. 10 Tage. Hier bestand keine Ruhe, sondern es erfolgte in dieser Zeit das Anlagewachstum.

3. Blattschub 15. Februar bis 16. März. 29 Tage. 7 Blätter. Länge in Zentimeter: 9,5; 13,9; 19,2; 16,7; 17,4; 18,4; 18,0. Ruhe 16. März bis 24. März. 8 Tage. Auch hier keine wesentliche Ruhe.

4. Blattschub 24. März bis 15. April. 22 Tage. 7 Blätter nicht gemessen. Ruhe 15. April bis 24. April. 9 Tage d. h. auch nur Anlagewachstum.

5. Blattschub 24. April bis 20. Mai. 26 Tage. 8 Blätter. Länge in Zentimeter: 13,0; 15,5; 20,0; 20,7; 20,1; 14,3; 11,4; 19,8. Ruhe 20. Mai bis 1. Juni. 12 Tage, ebenfalls wesentlich Zeit für Anlagewachstum.

6. Blattschub 1. Juni bis 26. Juni. 25 Tage. 8 Blätter. Länge in Zentimeter: 9,6; 19,6; 23,6; 24,4; 23,4; 24,4; 24,5; 23,5. Abgesehen davon, daß das Exemplar unmittelbar nach der Auspflanzung sofort weiter trieb, indem es 2 Niederblätter ausbildete, hat es jedenfalls in der Zeit vom 31. Dezember 1913 bis 26. Juni 1914, also in einem Zeitraum von 6 Monaten ununterbrochen getrieben. Die einzige Besonderheit ist, daß eine scharfe Abwechslung zwischen Anlage- und Streckungswachstum erfolgte. Darauf trat nun eine längere Ruhezeit ein vom 26. Juni bis 18. September, also 84 Tage. Am 1. August wurde die Erde durch neue ersetzt. Am 26. August entfernte ich 7 braune Schuppen. Das innerste Blatt hatte eine Länge von 1,6 cm. Eine lebhafte Streckung erfolgte am 18. September. Es waren noch 7 Niederblätter entstanden: 4 bräunlich, 3 grün. Das letzte erreichte eine Länge von 3,4 cm.

7. Blattschub 18. September bis 14. Oktober. 26 Tage. 10 Blätter. Länge in Zentimeter: 6,4; 10,0; 18,5; 24,6; 26,1; 27,7; 26,8; 29,0; 26,8; 26,4. Ruhe 14. Oktober bis 9. November. 26 Tage. Die Bildung der Knospe erforderte in dieser Zeit etwa 20 Tage.

8. Blattschub 9. November bis 24. Dezember. 45 Tage. 7 Blätter. Länge in Zentimeter: 22,6; 25,0; 23,2; 27,6; 27,5; 26,3; 29,2. Ruhe 24. Dezember bis 3. Februar 1915. 41 Tage. Bildung der Knospe in etwa 10 Tagen.

1915. 9. Blattschub 3. Februar bis 24. Februar. 21 Tage. 11 Blätter. Länge in Zentimeter: 15,3; 15,2; 15,6; 24,9; 23,6; 29,7; 31,1; 29,7; 28,2; 24,7; 26,4. Ruhe 24. Februar bis 23. März. 27 Tage. Am 22. März an einen anderen Platz in frische Erde ausgepflanzt.

10. Blattschub 23. März bis 2. Mai. 40 Tage. 7 Blätter. Länge in Zentimeter: 6,3; 27,3; 24,4; 26,3; 24,4; 24,0; 22,1. Ruhe 2. Mai bis 15 Mai. 13 Tage. Wesentlich Zeit des Anlagewachstums.

11. Blattschub. 15. Mai bis 5. Juni. 21 Tage. 8 Blätter. Länge in Zentimeter: 22,5; 29,0; 24,0; 31,1; 28,1; 30,2; 31,0; 27,7. Ruhe 5. Juni bis 17. Juli. 42 Tage. Anlagewachstum 12 Tage.

12. Blattschub. 17. Juli bis 28. August. 42 Tage. 14 Blätter. Länge in Zentimeter: 10,9; 12,6; 18,6; 19,3; 28,3; 28,2; 29,1; 30,2; 33,5; 31,4; 33,1; 33,6; 31,6; 22,9. Ruhe 28. August bis 1. Oktober. 34 Tage. Anlagewachstum ca. 22 Tage.

In den zwei Jahren vom 30. September 1913 bis 1. Oktober 1915 hat die Pflanze 12 Treibperioden durchgemacht.

Zeit	Schub	Tage des Wachstums	Tage der Ruhe	Zahl der Blätter	Durchschnittslänge in cm	Längstes Blatt in cm
Erstes Jahr: 30. 9. 13 bis 18. 9. 14.	1.	38	54	6	17,7	19,5
	2.	36	10	5	14,5	16,9
	3.	29	8	7	16,1	19,2
	4.	22	9	7	—	—
	5.	26	12	8	16,9	20,7
	6.	25	84	8	21,6	24,5
		176	177	41	17,4	20,2
Zweites Jahr: 18. 9. 14 bis 1. 10. 15.	7.	26	26	10	22,2	29,0
	8.	45	41	7	26,0	29,2
	9.	21	27	11	24,0	31,1
	10.	40	13	7	22,1	27,3
	11.	21	42	8	27,9	31,1
	12.	42	34	14	26,0	33,6
		195	183	57	24,7	30,2

Während im ersten Jahre die Zeit des Streckungswachstums dem der Ruhe einschließlich des Anlagewachstums entspricht, überwiegt im folgenden Jahre die des Streckungswachstums. Die Pflanze ist kräftiger und größer geworden, wie die Zunahme in der Zahl der Blätter und ihrer Länge deutlich zeigt.

Pflanze 2.

Gleichzeitig wurden Messungen an einem zweiten Exemplar gemacht, das sich in einem kleinen Topf befand. Der Versuch begann am 27. November 1913. Vom 27. November bis 18. Dezember hatten sich nur kümmerliche und zarte Blättchen entwickelt. Am 11. Februar 1914 hatten sich die Wurzeln aus dem Topf in die benachbarte gute Erde verbreitet. Die Messungen wurden ein volles Jahr vom 11. Februar 1914 bis 24. Februar 1915 durchgeführt. Ich gebe nur das Hauptresultat:

Schub	Wachstum	Tage	Ruhe	Tage	Zahl der Blätter	Durchschnittslänge in cm	Längstes Blatt in cm
1	11. 2.—24. 4.	71	24. 4.—15. 5.	21	5	11,1	15,5
2	15. 5.—20. 6.	36	20. 6.—18. 9.	90	9	17,6	20,1
3	18. 9.—24. 10.	36	24. 10.— 2. 12.	39	9	19,3	20,9
4	2. 12.— 1. 1.	30	1. 1.—29. 1.	28	8	18,6	20,6
5	29. 1.—24. 2.	26			9	18,8	25,5
		199		178	40	17,1	20,5

Auf 100 Tage Wachstum kamen also bei Pflanze 1, 1914: 100 Tage Ruhe; 1915: 94 Tage Ruhe; bei Pflanze 2, 1914: 89 Tage Ruhe.

Versuche mit Pflanze 1.

Pflanze 1 wurde auch im dritten Jahre beobachtet.

Schub	Wachstum	Tage	Ruhe	Tage	Zahl der Blätter	Durchschnittslänge in cm	Längstes Blatt in cm
13	1. 10. 15—26. 11. 15	56	26. 11. 15—15. 12. 15	19	11	23,9	28,5
14	15. 12. 15—25. 1. 16	41	25. 1. 16— 4. 4. 16	70	15	24,7	30,4
15	4. 4. 16— 7. 5. 16	33	7. 5. 16— 6. 7. 16	60	13	23,2	30,2
16	6. 7. 16—31. 7. 16	25	31. 7. 16— 1. 10. 16	62	—	—	—
17	1. 10. 16—15. 11. 16	45	15. 11. 16—29. 3. 17	134	15	29,8	37,3

Als am 29. März 1917 ein neues Treiben begann, schnitt ich den oberen Teil der Pflanze bis auf ein Stammstück von 32 cm fort. Am 31. März sind bereits kleine Knospen sichtbar. Am 4. April zeigten sich 8 junge Knospen. Am 10. April wurden 7 Knospen entfernt, eine wurde stehengelassen. Die Pflanze wurde in frische Erde gesetzt. Lebhafte

Neubildung von Blättern. Zunächst 15. Länge in Zentimeter: 13,3; 19,9; 20,7; 23,3; 27,2; 23,3; 23,5; 26,2; 26,6; 20,6; 26,8; 27,2; 25,4; 23,7; 13,2. Durchschnittslänge 22,7 cm. Am 15. Mai nahm ich alle Blätter fort mit Ausnahme der beiden letzten noch wachsenden. Sofort Entfaltung einer Knospe am Vegetationspunkt. Dabei wurden nur 3 Niederblätter gebildet, die auch nicht bräunlich, sondern grün waren. Länge in Zentimeter: 2,4; 2,5; 2,7 cm. Die Blattbildung ging weiter ohne Unterbrechung. Jedesmal wenn ein Blatt ausgewachsen war, wurde es fortgenommen. So wurden bis zum 15. Juli nacheinander 22 Blätter entfernt. Länge in Zentimeter: 9,8; 27,2; 28,1; 27,5; 29,1; 30,4; 30,7; 29,2; 28,2; 29,3; 28,4; 25,5; 28,3; 28,2; 26,2; 24,1; 22,8; 27,7; 23,7; 27,2; 27,6; 28,8. Durchschnittslänge 26,7 cm. Die folgenden 20 Blätter wurden nicht mehr fortgenommen. Länge in Zentimeter: 25,8; 26,5; 27,8; 24,8; 24,6; 25,9; 25,5; 23,7; 25,4; 23,2; 24,4; 24,5; 20,9; 24,2; 22,4; 29,0; 24,1; 25,2; 21,8; 24,5. Durchschnittslänge 24,7 cm. Am 11. September war Ruhe eingetreten. Das Wachstum hatte gedauert vom 29. März bis 11. September 1917, also zusammen 5 Monate und 13 Tage. In dieser Zeit waren 57 Laubblätter gebildet worden, also mehr als sonst im Laufe eines Jahres. Man erkennt daran, daß das Wachstum der Laubblätter unter gewöhnlichen Kulturbedingungen ein wesentlicher Grund ist für die Anlage von Niederblättern und jungen Blattanlagen wie für die Ruhezeit. Nach der ersten Entfernung, die gegen Ende des Blattwachstums ausgeführt wurde, kam es nur noch zur Bildung von wenigen grünen Niederblättern. Bei den weiteren, frühzeitigeren Entfernungen kam es auch nicht mehr zur Ausbildung von Niederblättern, sondern die Laubblattbildung ging fort und betrug 42 Blätter.

Am 11. September wurden 19 Blätter entfernt, eins stehengelassen. Am 18. September deutliches Hervorwachsen der Knospe und Wachstum bis 13. November. 13 Blätter, sukzessiv fortgenommen. Länge in Zentimeter: 3,9; 16,1; 20,4; 23,2; 26,7; 27,6; 27,1; 28,1; 28,8; 22,4; 27,2; 27,9; 22,4. Durchschnittslänge 23,2 cm. Jetzt nach starker Erschöpfung in der ungünstigen Jahreszeit ging der Hauptsproß zur Ruhe über bis zum 26. Januar 1918. Dagegen entwickelte sich ein Seitentrieb vom 23. Dezember 1917 bis 1. März 1918 mit 8 Blättern. Länge in Zentimeter: 9,2; 14,5; 15,4; 18,5; 18,6; 15,4; 18,6; 21,2. Durchschnittslänge 16,4 cm. Am 21. März 1918 trieb dieser Seitensproß aufs neue aus. Der Hauptsproß zeigte einen Blattschub vom 26. Januar 1918 bis 9. Mai 1918 von 20 Blättern. Länge in Zentimeter: 5,2; 9,1; 10,5; 21,8; 16,6; 23,7; 26,4; 27,5; 24,5; 22,8; 26,4; 27,8; 26,4; 27,5; 27,8; 26,7; 28,6; 28,7; 26,8; 29,6. Durchschnittslänge 23,2 cm. Am 11. Mai wurden 12 Blätter entfernt, am Seitentrieb die Blätter stehengelassen. Während des Wachstums der letzten Blätter ist eine Knospe mit 4 Niederblättern gebildet worden. Bis zum 22. Mai sind am Hauptsproß noch 2 Blätter gebildet von 25,0 und 18,9 cm. Bis zum 3. Juli entwickelt der Hauptsproß dann bei sukzessiver Fortnahme 9 Blätter. Länge in Zentimeter: 9,1; 18,8; 21,2; 20,6; 20,8; 23,3; 23,1; 19,8; 16,1. Durchschnittslänge 19,2 cm. Der Hauptsproß war gewachsen vom 26. Januar 1918 bis 3. Juli 1918 d. h. $5^1/_2$ Monate. Das Gesamtwachstum der Pflanze dauerte vom 23. Dezember 1917 bis 3. Juli 1918, also $6^1/_2$ Monate. Am 3. Juli wurden von dem Seitentrieb 9 Blätter entfernt. Am 17. Juli setzt neues Treiben des Hauptsprosses ein. 13 Blätter. Länge in Zentimeter: 13,0; 16,9; 21,2; 23,2; 26,3; 25,4; 25,1; 25,4; 25,7; 26,1; 23,7; 23,3; 23,3. Durchschnittslänge 23,0 cm. Am 15. September 1918 ist der Blattschub ausgewachsen, auch am Seitentrieb. Alle Blätter werden fortgenommen, auch der Seitentrieb wird weggeschnitten.

Wachstum	Tage	Ruhe	Tage	Zahl der Blätter	Durchschnittslänge in cm	Längstes Blatt in cm
Hauptsproß:						
29. 3. 17—11. 9.	166	11. 9.—18. 9.	7	57	24,7	30,7
18. 9. —23. 11.	66	23. 11.—26. 1. 18	64	13	23,2	28,8
26. 1. 18— 3. 7.	158	3. 7.—17. 7.	14	31	20,7	29,6
17. 7. —15. 9.	60			13	23,0	26,3
Seitensproß:						
23. 12. 17— 1. 3. 18	67	1. 3.—21. 3.	20	7	16,6	21,2

Aus diesen weiteren Versuchen geht hervor, daß auch nach $5^1/_2$ Monate langem ununterbrochenem Wachstum, das schließlich zum Stillstand kam, da die letzten Blätter nicht entfernt wurden, bereits 7 Tage nach Entfernung der Blätter im September eine neue Wachstumsperiode eingeleitet werden konnte, die selbst wieder 56 Tage dauerte, also länger als eine Wachstumsperiode unter gewöhnlichen Bedingungen. Ferner ließ sich durch sukzessive Fortnahme der Blätter ein Gesamtwachstum von $6^1/_2$ Monaten erzielen. Die früher genannte Bedeutung des Laubblattwachstums auf die Ausbildung der Knospe und der Niederblätter wird wieder bestätigt und außerdem festgestellt, daß diese Wirkung selbst von Blättern eines Seitentriebes auf Knospenbildung beim Haupttrieb ausgeübt werden kann. Ebenso veranlaßt Entblätterung eines Seitentriebes Blattwachstum beim Hauptsproß.

Zusammenfassend führen Beobachtungen und Versuche mit Concopita guianensis zu folgendem Ergebnis:

1. Unter den Bedingungen des Gewächshauses in Heidelberg erfolgt ein mehrfacher — 5- bis 6maliger — Wechsel von Wachstum und Ruhe anscheinend unabhängig von klimatischen Faktoren. Die Blattbildung erfolgt in Schüben, die mit Bildung von Niederblättern abgeschlossen werden.

2. Auch diese Rhythmik kann geändert werden.
   a) Verhinderung des Eintritts der Ruhe und Veranlassung dauernden, ununterbrochenen Wachstums bis zu $5^1/_2$ Monaten Dauer durch sukzessive Fortnahme der ausgewachsenen Blätter.
   b) Vorzeitige Unterbrechung der Ruhe und Anregung zu neuem Wachstum durch Entfernung vorhandener Blätter.

Literatur.

1. Klebs, G. Über die Rhythmik in der Entwicklung der Pflanzen. Heidelb. Akad. 1911.
— Über die periodischen Erscheinungen tropischer Pflanzen. Biol. Zentralbl. 1912.
— Über Wachstum und Ruhe tropischer Baumarten. Jahrb. f. wiss. Bot. 1915.
— Über das Verhältnis von Wachstum und Ruhe bei den Pflanzen. Biol. Zentralbl. 1917.
2. Koorders und Valeton. Bijdrage tot de Kennis der Boomsorten op Java. I—XII. Batavia 1894—1910.
3. Küster, E. Pathologische Pflanzenanatomie. 3. Aufl. Jena 1925.
4. Simon, S. Studien über die Periodizität der Lebensprozesse der in dauernd feuchten Tropengebieten heimischen Bäume. Jahrb. f. wiss. Bot. 1914.
5. Volkens, G. Laubfall und Lauberneuerung in den Tropen. Berlin 1912.
6. Wright, H. Foliar Periodicity of Endemic and Indigenous Trees in Ceylon. Annals of the R. Bot. Gardens, Peradeniya 1904/05.

Im Verlag von Walter de Gruyter & Co. vormals G. J. Göschen'sche Verlagshandlung — J. Guttentag, Verlagsbuchhandlung — Georg Reimer — Karl J. Trübner — Veit & Comp., Berlin erschienen

Abteilung A. Mathematisch-physikalische Wissenschaften.

Jahrgang 1922.

1. Perron, Oskar. Neue Summationsmethoden und Entwicklungen nach Polynomen. Reichsmark 0·30
2. Perron, Oskar. Über transzendente Funktionen auf Riemannschen Flächen Reichsmark 0·60
3. Baldus, Richard. Über die singulären Punkte reeller Parameterkurven. Reichsmark 0·50

Jahrgang 1923.

1. Deecke, W. Mitteleuropäische Meeresströmungen der Vorzeit. Reichsmark 0·60
2. Liebmann, Heinrich. Die Lie'sche Cyklide und die Inversionskrümmung. Reichsmark 0·40
3. Perron, Oskar. Über Gleichungen ohne Affekt. Reichsmark 0·40
4. Liebmann, Heinrich. Beiträge zur Inversionsgeometrie III. Reichsmark 0·40
5. Kratzert, J. Beitrag zur Kenntnis des Andesins von Bodenmais Reichsmark 0·50

Jahrgang 1924.

1. Th. Curtius und A. Bertho. Einwirkung von Stickstoffkohlenoxyd und von Stickwasserstoffsäure unter Druck auf aromatische Kohlenwasserstoffe. Reichsmark 0·50
2. Liebmann, Heinrich. Umkehrung des Variationsproblems der ebenen Affingeometrie. Reichsmark 0·60
3. Salomon, Wilhelm. Die Intensitäten alluvialer und diluvialer geologischer Vorgänge und ihre Einwirkung auf die pliocäne Rumpffläche des Kraichgaues und Odenwaldes. Reichsmark 1·20
4. Heffter, L. Zur absoluten Geometrie. Reichsmark 0·60
5. van Werveke, L. Über die Entstehung der lothringischen Lehme und des mittelrheinischen Lößes. Reichsmark 1·50
6. Krull, Wolfgang. Die verschiedenen Arten der Hauptidealringe. Reichsmark 0·50
7. Roeser, Ernst. Übergang von der nichteuklidischen Streckentrigonometrie zur Winkelmessung. Reichsmark 0·30
8. Wellstein, Julius. Zur Differentialgeometrie der isotropen Kurven. Reichsmark 1·50
9. Ewald, Rudolf. Die geodynamischen Erscheinungen des krystallinen Odenwaldes als Beispiel einer geoisostatischen Ausgleichsschwingung. Reichsmark 1·50
10. Voelcker, Ilse. Über eine ganz junge Verwerfung bei Rauenberg im Kraichgau. Reichsmark 0·30
11. Liebmann, Heinrich. Die Aufschließung von Differentialinvarianten Reichsmark 0·50

Abteilung B. Biologische Wissenschaften.

Jahrgang 1923.

1. Kossel, A. und R. E. Gross. Über die Darstellung und quantitative Bestimmung des Arginins. Reichsmark 0·30

Von Jahrgang 1925 ab findet die Trennung in Abteilung A und B nicht mehr statt.

Jahrgang 1925.

1. Heffter, Lothar. Zur absoluten Geometrie II. Reichsmark 0·50
2. Roeser, Ernst. Die komplementären Figuren der nichteuklidischen Ebene. Reichsmark 0·50
3. Fladt, Kuno. Neuer Beweis für die Zuordnung von rechtwinkligem Dreieck und Spitzeck in der hyperbolischen Elementargeometrie. Reichsmark 0·30
4. Salomon, Wilhelm. Beobachtungen über Harnische. Reichsmark 0·70
5. Loewy, A. Beiträge zur Algebra. 1—4. Reichsmark 1·—
6. Hellpach, Willy. 2. Mitteilung zur Physiognomik der deutschen Volksstämme. Reichsmark 0·30
7. Loewy, Alfred. Neue elementare Begründung und Erweiterung der Galoisschen Theorie. Reichsmark 2·—
8. Curtius, Theodor und Bertho, Alfred. Einwirkung von Stickstoffkohlenoxyd und von Stickstoffwasserstoffsäure unter Druck auf aromatische Kohlenwasserstoffe. Reichsmark 0·40
9. Roeser, Ernst. Die gnomonische Projektion in der hyperbolischen Geometrie. Reichsmark 0·70
10. Rasch, G. Uber die Ausnützung der Gezeiten des Meeres zur Energiegewinnung. Reichsmark 0·80
11. Salomon, Wilhelm. Magmatische Hebungen. Reichsmark 1·20
12. Pütter, A. Altersbestimmungen an Drachenbäumen von Tenerife. Reichsmark 0·90
13. Volk, Otto. Über geodätische rhombische Kurvennetze auf krummen Flächen, insbesondere auf Flächen konstanter Krümmung. Reichsmark 1·10
14. Roeser, Ernst. Die Fundamentalkonstruktion der hyperbolischen Geometrie. Reichsmark 1·40
15. Rüger, L. und Rüger-Haas, P. Palaeosemaeostoma geryonides v. Huene sp., eine sessile Meduse aus dem Dogger von Wehingen in Württemberg und Medusina liasica nov. sp., eine Coronatenähnliche Meduse aus dem mittleren Lias von Hechingen in Württemberg. Reichsmark 1·50

Jahrgang 1926.

1. Wolfganf Krull. Theorie und Anwendung der verallgemeinerten Abelschen Gruppen. Reichsmark 1·70.
2. Georg Klebs. Über periodisch wachsende tropische Baumarten. Reichsmark 1·20

Abhandlungen der Heidelberger Akademie der Wissenschaften

Mathematisch-naturwissenschaftliche Klasse

Abteilung A

12. Mohr, Ernst. Über den Zusammenhang zwischen der Struktur und den morphologischen Merkmalen des Diamanten. 1924. Reichsmark 3·50

Druck: Hermann Böhlaus Nachfolger Hof-Buchdruckerei G. m. b. H. Weimar.

MIX
Papier | Fördert gute Waldnutzung
FSC® C083411

Zeitfracht Medien GmbH
Ferdinand-Jühlke-Straße 7
99095 Erfurt, Deutschland
produktsicherheit@kolibri360.de